U0070084

林太的美味日常提案

• • •

世 界 真 情 真 不 過 對 食 物 的 愛

林太的美味日常提案

• • •

世 界 真 情 真 不 過 對 食 物 的 愛

林太的美味日常提案

世界真情真不過對食物的愛

作者——林太 Claudia

林太的美味日常提案——世界真情真不過對食物的愛〔暢消曾訂版〕

帶著愛下廚

來說說第一次和林太見面的場景！

酷暑難耐的傍晚，剛下高鐵、轉乘接駁車進到台南市區的我，帶著過夜行李，在街口等著和林太碰面。素昧平生要如何相認？才想著，朦朧夜色不遠處有道人影，尚未看清輪廓，來人臉上的微笑，跟著夏夜涼風早一步靠近。

「要不要到我家吃飯？」第一次見面，這樣開場有點驚人；林太還沒等我回答，馬上補了一句：「家裡有十幾個朋友來吃飯，一起來吧！」定神的那刻，林太已經勾著我往家裡走。「我家就在隔壁。」她又補了一句。

認識林太，讓我跟台南產生了不同的關係：她熟稔古都的街道巷弄、攤商鄰居、大宴小酌之所，想吃什麼、想買什麼、想知道什麼，問她準沒錯。在林太家吃飯，更是絕頂享受：家常義大利麵食、泰式風情烤雞、讓人食指大動的台味海鮮、配合時令的醃漬美食……，她就是用這本食譜書上中外皆有的好菜，在餐桌上為心愛的家人朋友創造接連不斷的驚喜，一輪又一輪，簡直是「國際級流水席」。

她沒事辦趴宴客，每回端上那麼多菜，是不是得從早到晚站在廚房裡？

這麼想，就錯了！林太每道料理的共通性，是好吃、好看、好做，不僅食材容易取得，步驟更是清楚易懂。在林太家吃飯，她總是坐在餐桌邊和客人聊天，偶爾轉身在廚房工作檯料理；端上桌的

從沒有繁瑣的工序或難懂的食材，盤盤好菜皆日常，卻充滿心意。

大概沒太多人探尋過，英文 recipe「食譜」這個詞，源自拉丁文動詞 recipere「接受」：坐在餐桌旁的我們所接受的，是廚房裡那個忙著的人的心意，他／她為所愛的人煮食、供給營養，希望吃的人能健康、快樂、滿足。

同一個拉丁字源，衍伸出名詞 ricetta，義大利文中同時有兩個意思，「食譜」和「藥譜」：一直以來我深深相信，食物是藥，身體是吃出來的。藥並不見得是裝在膠囊裡化學粉末，天地賦予的蔬果禽魚，只要用對的方式料理、以快活愉悅的心情享用，都是良藥，滋養身心。

讀林太的食譜書，也在林太家作客，她料理中簡單的調味、新鮮的食材、飽滿的心意，開心地做菜，開心地和所愛的人分享，正是好好吃飯、好好生活的實踐。

現在，你可以把林太的拿手好菜搬回家！《林太做什麼》是本美麗又親切的食譜書：精心設計的食譜配上引人垂涎的照片，會讓人迫不及待，捲起袖子做菜；帶著愛進廚房，然後大家圍著享用。

你會發現，這是全天下最療癒的事。

楊馥如（旅義飲食作家）

揮刀舞鏟的俠女林太

我是先認識林太,才知道她的菜。

好姊妹朵拉搬去台南,有次南下找她玩耍的時候,她說要介紹一個有趣的人給我認識,結果林太和我一見如故。當時還發生了一段小小的俠義故事,讓我對這個女生讚賞不已,直跟朵拉說,這個人能成為好朋友。

後來去屏東作新書分享會,在書店的外面遠遠看到熟悉的身影,才知道只見過兩次的林太和老公特別開車南下來參加,只能說,那感動的眼淚在心中實在是嘩啦啦的流淌…。之後我們還一起參加台南的酒吧遊,老人如我一直很想回家睡覺,但在林太的熱情號召下,我們趕赴一家又一家的酒吧,喝到各種風情的調酒。在路上與有志一同的酒友們,互相交換資訊打氣,這些等我回到家後都還懷念不已,想起來,她當時笑的真的像個孩子。

這些只是友情的相遇和迸發,後來看到她粉絲頁分享的美味,發現原來是料理高手,剛好有機會去台南做家宴,就請林太協助。從買菜、備料、料理到收拾,見到了她在工作中細緻而嚴謹的一面,是非常愉快的合作經驗。

只知道林太是個講義氣、天真熱情、但其實心思很脆弱纖細的女生,還有,很會做菜。一直覺得很開心,對我來說,南臺灣除了豔陽和小吃,現在還有也很喜歡料理的好姊妹們。

這段時間來回讀著書稿，才發現原來她發生過這麼多戲劇化的人生情節，也更了解她的成長歷程，她對母親的依戀和愛，家庭對她料理的深遠影響。想像著林太小時候給家人做飯的奮力，追求梅花餐色藝雙全的堅持，對蛋料理的不斷研發，還有她品嘗到美食開心的招牌瞇瞇眼⋯。

　　從一道道食譜裡，可以感受到溫馨的家常風，雖是大家都可以入手的菜，但美味和營養兼具一點也不含糊。所以早上起床後，我很想試試做個酪梨醬水波蛋吐司給女兒嘗嘗；當春風來臨的時候，有滋有味的大蒜鯷魚青花筍配杯果香白酒一定很不錯；夏季不想進廚房的時候，清爽的奶油檸檬烤鮭魚，是非常適合的好選擇；貼秋膘的時候，我一定會看著食譜做一道培根牛肉捲，或是牛小排佐香檸蒜味美乃滋；偶爾一個人在家，煮份鮮蝦紅椒義大利麵，蛋白質與維他命兼具，絕對不虧待自己。

　　就像是林太說的，每個人家中都有一些專屬於家庭寵味，那一味永遠在你的記憶裡，想到就是甜甜的滋味⋯。我們從小到大都有留存在心中的家庭味，而有了自己的小家後，也會不斷的傳承或是研究屬於這裡的味道，相信林太會一直邊揮刀舞劍的當朋友之間的俠女，邊繼續用她充滿愛的溫暖料理，陪伴著我們創造屬於自己的家庭味。

史法蘭（找找私廚／田野裡的生活家作者）

做好吃的，是最直接的愛

賴在林太家的客廳。她問：
「要不要吃義大利麵？」
「冰箱裡有一夜干我來烤一烤？」
「你吃乾麵噢！要不要幫你煎一顆蛋？」

坐林太的車出行。
車行至新化，她說：「葉麥克炸雞的雞屁股超好吃，我帶你去！」
車行至關廟，她說：「轉過去有一家手工關廟麵超讚，我帶你去！」
車行至麻豆，她說：「這裡有家乾麵很好吃，我帶你去！」

她家的冰箱源源不絕的可以一直拿出當令的生鮮外，還有各國神奇食材。冰箱旁的乾貨儲藏室，我更懷疑是通往美食異次元世界的入口。我總是找各式各樣的藉口去賴在她家，賴著不想走的貪戀她溫暖的料理。

她做起菜來彷彿是天生就內建了美食程式，快速、俐落、準確、豐盛，帶著臺南人天生對吃的澎湃感，在每天不同朋友來家裡叨擾時，一道接一道的讓人捨不得回家，豐盛滿桌卻在滋味上毫不含糊的讓每道菜都被記住。

當我吃到忍不住內疚總是讓她在廚房裡殺進殺出時，她卻是一派輕鬆的說：「不會啊！這些菜都很簡單。」而也真如她所言，她用很聰明的方法料理，每種食物的處理她都有自己的撇步，加上她

對美食鑽研的熱愛，以及廣交好友的海派個性，讓她成為菜市場裡受歡迎的好客，讓她總是能夠買到老闆替她特別留下的好貨色。她的料理充滿了自己的「林太風格」，美味是基本，那豐滿的家料理之味，不只飽胃、更是心靈豐美的養分，每次吃完後在她家客廳沙發上，安心放鬆的打盹呼呼睡。

這是一本超級實用的家庭料理撇步手冊，這本書裡我也有參與，每次她做完這些菜時，我都有很認真地在一旁把它們都吃掉（對，你可以恨我，有吃了這些好料，我不怕）。在一旁看著她為了做食譜開始嚴謹地把每一個步驟都拍照，每一個份量都量化，如果有哪個細節她不滿意，絕對是砍掉重來（當然我就跟著再吃一次，耶！）以往熱愛買各種食譜如我，照食譜做菜踩雷的經驗多如牛毛，也都很懷疑到底作者是不是都做過這些料理。這次擔任不請自來的試吃小組的固定成員，我親眼見證了她看似輕鬆的料理手法下的嚴謹，終於知道為什麼她總是可以把東西煮出該有的美味來。

你要問我這本書裡該從哪一道開始做，我只能跟你說：「來，買一本，打開來，把食材照書裡買好，找一位或是一群你愛的人，按照書裡的步驟一道道做出來，這些美味會讓你愛的人知道，你的愛，很真實。」

李姝慧

奶奶、二姑，還有我的大姐林太

　　林太是我的大姐，母親麗陽和我的父親俊輝是親生姐弟，按照學名來說應該稱呼為表姐，取其「大」，並非是臉部面積，更不是笑聲音量。在林太家的四姊妹裡他排行老大，按年紀來分，又是我們這一輩人裡頭最年長的女性，一聲「大姐」從小就喊，喊著喊著我們都大了。

　　幾天前，死寂到連長輩圖都懶得傳的家族群組，見她發來幾張「蚵仔碗粿」的半成品照片，用紅蔥頭拌炒豬大腸，上頭放滿台南海口現剖的鮮蚵，鹹香軟Q的碗粿正是吾家奶奶的獨門料理，亦是我的最愛。可惜她老人家過世得早，這一味被封存在二十年前的記憶裡，直到林太的袖子一捲，巧手一揮才得以復刻。

　　小時候跟在奶奶旁邊看著他用柴火炊粿，我總有問不完的問題。她過世之後，我變得特別黏林太的母親，也就是我的二姑，塞滿乾貨跟食材的廚房只剩下兩個位置，一台瓦斯爐有兩道火，二姑像駕駛，而我是副駕駛，只要上車總可以找到好料，油煙熱氣在記憶裡成了雲霧，很美。

　　幾年前二姑因病離世，沒人頂下老司機的位置，已記不得生性外向又怕麻煩的林太，是從何時踏進廚房，發狂似的搜集食器、研究擺盤，在社群平台分享食物美照，分隔兩地，只能用按讚來代替偷嚐。那份想努力追著奶奶，趕上二姑的心情，從她對食物的真情真意可以深刻感受，

如果做菜是想傳達對母親的思念，熱得要命的狹小空間裡藏著不只有她的回憶，還有我的。

　　這本料理書是林太的問世之作，海派、好客又嗜吃的性格，翻個幾頁便表露無遺。長女如母，她是我們家族裡重要人物，她的母親、她的外婆，甚至她自己做起菜來都是同個樣子。只要用好吃的食物把大家餵飽，也就幸福了，三個世代三個女人的心裡肯定都這麼想。

　　當林太的朋友很幸福，向來喜歡把粉絲當朋友，都是林太所在乎的人。喜歡新鮮事物的她，不只是餐桌上的冒險家，多年來走遍世界各地，一踏上異國土地，不追求豪奢享受，反而會想辦法探到當地人的生活核心，挖掘寶物般流連於果菜市場、跳蚤市場。在傳統市集逛上一整天，只要上得了餐桌的都是狩獵目標，買到行李超重，被罵瘋子也甘之如飴，是她一直以來的旅行方式。

　　很多時候加買行李的錢，遠高於物件本身的價值，他都願意翻山越嶺扛回台灣，將最棒的食材、香料、醬汁跟器皿，透過簡單平實的料理方式，親手給拼在一起，放在所愛的人面前看著他們開心進食，談笑風生，不吝嗇開點小酒追求更完美的歡愉氣氛。只要大夥兒開心，他就開心，對她來說這才珍貴。

　　豪爽地做菜已經成為林太的生活方式，再簡單不過的早餐吐司，也會堅持花點心思，滾一顆完美的水波蛋，看著半熟蛋黃傾瀉在手工酪梨醬，一口咬下的美妙滋味，足以蓋過所有生活裡的不快。這份初心，全都寫在書裡，藏在數十道好看又好吃的料理，縱使母性發作得再強烈，仍保有陳年的懶人體質，堅持低油煙、手續不麻煩，每道菜控制在 30 分鐘內，只為了應付想馬上吃到的任性胃口。

　　這是一本可以滿足自己，也滿足得了餐桌上每張笑臉的料理書，送入口裡盡是林太的真心誠意，簡單明快，賓主盡歡正是她的待人之道，亦是料理之道，你不可能會不喜歡。

威廉／表弟曾世豐

搖啊搖～
搖到外婆橋

　　我，出過兩次大車禍、遇過兩次搶劫、一次新車被偷、兩次腦震盪、一次蜂窩性組織炎、剛出社會當旅行社領隊整團回程機票忘記帶出去、還曾在重要的場合失手把整杯咖啡潑灑在主管的白襯衫上、手機沒電嗶嗶叫誤會成電腦故障跟客服盧了半天、在網路上購物重複匯款給對方、將錢匯錯帳號、登山忘了帶睡袋、露營忘了帶帳篷內帳……。

　　我，有點粗心有點大意，莫非定律也常常跟著我，直覺也常常讓我轉錯方向。不過我很善良，當偶爾不小心會捏死螞蟻、打死蟑螂時，但是會唸阿彌陀佛。最愛吃蛋，為人雞婆很熱血，沒去選里長是我們里民的損失，因為我會清掃巷弄裡的貓狗排泄物。然後我最想要買的東西就是割雜草機，我想替整條巷弄除去礙我眼的雜草。

　　天生情感豐富，非常喜歡交朋友，是朋友們遇到挫折時的心靈導師，因為他們很難再遇到比我的遭遇更精彩的人了，就算如此我依然活的很開心。但我最受不了離別說再見，會偷拍家人朋友遠去的背影。還有我最喜歡拍夕陽，因為我母親名字有一個陽字，她是我心中最美麗的太陽，當我想念她時就看看夕陽，感覺她一直照耀著我給我力量。

　　這些都是我，無論粗心大意或是心思敏感細膩，我還是會活的好好的，而且心靈很正向很健康。我把我的能量轉換在烹飪上面，烹飪是我的小世界，它療癒了大部份的我，我更喜歡透過烹飪交朋友。我非科班出生的職人廚師，只是一名為家人、為老公、為朋友付出的家庭煮婦，歡迎你們進入我的世界看看我美的視角。

　　我在母親冥誕的這個月份完成了這本書，謝謝父母生下了我，也想藉此書紀念我逝去的父母，我想你們現在應該也很開心的跟自己父母重逢了。我想念你們，永遠。

林太 *Claudia*

1	2
3	4

1　我也很喜歡爬山，愛上山的一切，雲海、日出、夜晚的星空、鳥叫蟲鳴我都愛，就是喜歡山上的一切。

2　我在英國巨石陣，世界很奧妙，人類很渺小。

3　我在西藏喜馬拉雅山腳下，高山症讓我一輩子難忘。

4　我與最親愛的林先生，在英國波斯羅馬浴場。他是我最好的朋友也是最棒的伴侶，謝謝他一路上的陪伴，支持我的任何天馬行空。

世間真情
真不過對食物的愛

　　記得小時候做得第一道菜，就是自己最喜歡吃的食物——「蛋」。是的！我是從煎荷包蛋開始進入廚房。以前我的父母是做生意的，而我們姐妹最喜歡吃的竟然是荷包蛋加少許醬油，尤其是半熟的荷包蛋，放在熱騰騰的飯上面再用筷子撥開蛋黃，讓它攪和著白飯跟醬油，對年幼的我們來說，簡直是人間美味。其實我的童年過的算是優渥，家裡經商常常有大餐吃，海鮮也是現流海產，常常吃美食，但最終還是最愛這樣質樸簡單的一碗飯。

　　第一次正式下廚，是國中二年級媽媽出國去，我不知哪來的勇氣煮了一餐給家人吃，因為一直記得媽媽說煮菜要煮梅花餐。梅花五個花瓣 (五道菜) 包圍中心花蕊 (一湯品)，然後顏色盡量要多樣，這樣擺上桌好看好豐盛。因為家裡人口多，所以從小就習慣大家族式的每一餐，我怕餐桌上的親友會吃不飽的症頭可能也因此而生。

　　但是我初試啼聲的技能有限，那一晚我還記得我把紅蘿蔔刨成絲，煎顆散蛋炒了個紅蘿蔔炒蛋，拍扁幾顆蒜頭爆香炒了盤高麗菜，將豬里肌肉用糖、醬油隨手抓醃一下，煎成媽媽的招牌豬肉排，再

煮了個超級簡單的蔥花紫菜蛋花湯。但是說好的梅花餐呢？我只煮出三菜一湯，已是我的極限了，至於好不好吃？唯一的印象就是都太鹹了，哈哈哈！煮得有模有樣的，但自己吃的很不好意思就是了，再長大些我做過絕版的碗粿，為何說絕版，就是從磨米漿從頭開始做起，做一次就怕了不敢做了，碗粿有點偏硬，但至今家人對味道依舊是念念不忘！

　　真正洗手作羹湯應該是遇到我老公開始！因為單純簡單地堅信要抓住一個男人得先抓住他的胃！於是我從咖哩飯開始做起，一做就到現在，好像該為自己留下些什麼做紀念。畢竟沒有孩子的我們，多了許多愜意時光，作為一個家庭廚娘的我，很開心我的料理讓大家喜歡，做菜是我自我療癒的時間，也是我分享生活的方式，更是我社交重要的一環。如同書名『林太做什麼——世間真情真不過對食物的愛』，我對料理的愛無庸置疑，我會繼續分享我的人生，也請你們慢慢品嚐視吃！

目錄 CONTENTS

Chapter 1 醬汁

Chapter 2 美味早午餐

Chapter 3　蔬菜料理

Chapter 4　海鮮料理

Chapter 5　肉類料理

目錄 CONTENTS

Chapter 6 燉飯、義大利麵

必備料理器具推薦

1. 不鏽鋼鍋鏟

鐵鍋的好幫手,尤其這種扁扁的鍋鏟,很薄很好鏟起鍋內的食物。

2、矽膠鍋鏟

不沾鍋專用,一定要找耐熱的材質喔!

3、玉米粒刨刀

非常方便的取玉米粒刨刀,讓你做玉米粒的料理得心順手。我習慣會把熟的玉米粒刨下來加入生菜沙拉裡,好吃又好看。

4、削皮器

廚房不可或缺的好東西。

5、密封盒

不管是生食、熟食都需要它,放進冰箱也更好推疊收納。

6、蔬果削鉛筆機

讓蔬果偶爾換點造型,不再侷限於手切的質感,讓小孩使用也很安全。

7、刨絲器

大人版的廚房用具,但也是廚房的好幫手,幫助你快速削好各種粗細的絲及片。

8、起司刨刀

這個應該是我使用最大量的刨刀了,舉凡刨起司、檸檬皮、柳橙皮,都得使用它。

9、手動夾式榨汁器

料理時需要使用一些檸檬汁或是果汁,我就會使用這個來取汁,很方便又好清洗。

10、手動木頭榨汁器

上餐桌的料理需要取用檸檬汁時，我就會放這個到餐桌上，好看又好用。

11、蜂蜜取用棒

取蜂蜜的神器，擺上餐桌也很好看。

12、刷子

廚房必備，矽膠材質耐熱又不會掉毛。食材需要抹上醬汁或需要抹上油時都會需要它。

13、麵條夾

夾直麵的好幫手，麵條不易掉落，喜歡做義大利麵的人很需要這一支。

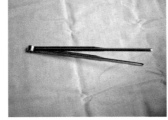

14、細長夾子

如果你也喜歡擺盤，這把可以用來把義大利麵捲成好看的樣子。

15、擠蒜泥器

輕輕鬆鬆就可以得到蒜泥及薑泥，不用剁或磨得太累。

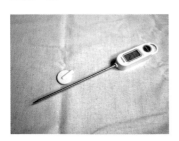

16、溫度計

很需要來一支，用來測量肉類的中心溫度，烤肉烤魚都很需要它。

17、量匙

看著食譜做菜，量匙一定要有的呀！

18、量杯

標準量杯不會讓你不知道食譜上一杯到底是多少，光是擺在廚房也很療癒。

必備料理食材推薦

這些都是一年四季都買得到的食材，家裡備著這些，突然需要做一些簡單料理或是家常菜時，就可以派上用場，是我廚房裡的必備食材。

1、洋蔥

萬用的食材，可以爆香，可以豐富料理味道，而且單食材就可以是一道菜了，炒洋蔥、醋漬洋蔥…等，實在太好用了。

2、紅蘿蔔

中西式料理都適用，顏色又鮮豔，常常可以扮演菜餚裡的點綴性配角，耐放又不易壞。

3、馬鈴薯

馬鈴薯很適合拿來燉煮、煎或炸，光是用洋蔥、紅蘿蔔、馬鈴薯就可以做出一道咖哩了。

4、蒜頭

我常常在蒜頭盛產的季節買一大袋、一整顆一整顆的，把他們用麻繩編成一串，吊在門口或廚房，可以裝飾又好存放。需要時就解下一顆來用，做任何中西式料理，蒜頭的地位都非常重要呀！

5、檸檬

我的家庭常備品，我會買一堆然後用水果盤盛著，放在廚房的桌上。有黃有綠煞是好看，實用又耐放。可做料理可做飲品，我很喜歡。

6、黑胡椒粒

黑胡椒我還是喜歡買一整顆自己現磨，
我覺得這樣比較香，而且要燉肉也可以
直接丟一整顆的黑胡椒進去就好。

7、迷迭香

乾燥的香料是一定要備著的，燉肉、煎
牛排都很好用。

8、百里香

用來做燉肉、燉菜的料理，都是很好用
的香料。

9、羅勒葉

番茄及海鮮料理的好朋友，也是做義大
利麵的好滋味，一定要備著。

10、洋香菜葉

可以用來醃漬，加入沙拉能增加香味，
或是炒義大利麵時使用都非常適合。

如果說料理是人生，
那醬汁就是靈魂，
學會做好吃的醬汁，
就能替你的料理加分。

Chapter 1

醬汁 SAUCE

Introduction

　　小時候家附近的漁港下午漁船會進港，由於家裡是做生意的，父母親都非常好客。下午漁船進港時間一到，他們都會開著車前往魚市場買現流漁穫，時常一整個下午到晚上都是歡樂現流海產聚會。

　　雖然現流海產已夠新鮮美味，媽媽還是會做她拿手的五味醬及薑醋醬。醬油膏、蕃茄醬、糖、烏醋、香油、蔥、薑、蒜、辣椒，依照比例的混合在一起，光是五味醬這一味的酸甜辣已是令人吮指回味的童年美味。五味醬拿來沾花枝類，薑醋醬我們拿來沾蝦子和螃蟹，大人配著啤酒吃，小孩搭著汽水吃，吃太飽打打放在騎樓的桌球，打完又來吃吃吃喝喝，父母交誼的時光也是我們歡樂的時光。

　　醬料之於美食是千里馬遇到伯樂般的美妙，食物的鮮美搭配迷人的醬料，更是錦上添花。食物與家庭的記憶深深烙印在我心裡，我的心神總是很輕易的就飛回童年，那個用手指沾著吮著五味醬的記憶。

培根番茄肉醬

食材

塊培根 1 條	約 200g
豬絞肉	300g
洋蔥	1 顆
牛番茄	2 顆
番茄糊	3 大匙
月桂葉	2 片
高湯	500g

作法

塊培根先炒熟。

洋蔥切丁,加入一起拌炒到微焦糖化。

豬絞肉加入拌炒到熟。

牛番茄切丁加入拌炒一下。

加入高湯及月桂葉燜煮約 20 分鐘即可。

 杯太都這樣做

沒有塊培根用一般的薄培根也可以。

酪梨醬

食材

酪梨	1 顆
檸檬汁	1 茶匙
鹽巴	1/4 茶匙
黑胡椒	少許

  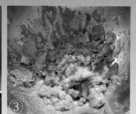

作法

酪梨對剖切後去籽。

把酪梨肉挖出放在碗裡。

碗裡加入檸檬汁、鹽巴、黑胡椒粉拌勻即可。

 林太都這樣做

酪梨加上檸檬汁除了口感可以更提升以外，還可以防止酪梨變黑；酪梨醬用來當吐司抹醬，或拌義大利麵都很好吃喔！

大蒜鯷魚醬

食材

鯷魚·····················50 公克
蒜頭·····················6 瓣
橄欖油·················150 公克

作法

1 - 大蒜去皮並切碎。

2 - 取一湯鍋裡放入大蒜、橄欖油和鯷魚,以文火加熱並攪
拌避免焦鍋,約煮 15 分鐘左右至鯷魚散掉即可。

杯太都這樣做

有一個偷懶的方法就是把食材都丟到烤碗裡,直接放入烤箱 180 度烤
約 20 分鐘,取出後再攪拌均勻即可。

塔塔醬

食材

美乃滋	100g	檸檬汁	1 大匙
洋蔥	20g	黃芥末	1 大匙
酸黃瓜	1 條	巴西利	1 支
水煮蛋	1 顆		

①

②

③

作法

1 - 取一容器將美乃滋放入。

2 - 洋蔥、酸黃瓜、水煮蛋、巴西利略切成小塊,放入作法 ①美乃滋裡。

3 - 加入檸檬汁、巴西利,攪拌均勻即可。

▶ 推薦品諾的「隨行真空果汁機」, 可以真空保鮮,讓你的料理更美 味健康。

 杯太都這樣做

我很偷懶直接用果汁調理機打塔塔醬,很快速又方便!若沒有食物調 理機,也可以切碎食材後,攪拌均勻也可以。檸檬汁酸度可以隨自己 的喜好調整。

檸香蒜味美乃滋

食材

美乃滋	100g
蒜頭	8 顆
檸檬皮	1/2 茶匙
薄荷葉	4 片

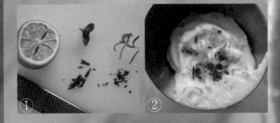

① ②

作法

1 - 美乃滋放入攪拌碗裡。
2 - 蒜頭磨成泥加入。
3 - 檸檬皮刨絲加進去。
4 - 薄荷葉切碎放入拌勻即可。

 杯太都這樣做

這道檸香蒜味美乃滋醬汁，可以搭配海鮮、西班牙海鮮燉飯、羊排等
料理都很適合喔！

鹽漬檸檬

食材

黃檸檬⋯⋯⋯⋯⋯⋯⋯⋯數顆
粗鹽⋯⋯約黃檸檬重量的 30%

作法

1. 準備一個玻璃瓶，用滾水高溫殺菌後放涼備用。
2. 黃檸檬切塊或切片都可以。
3. 擺放方式為：一層檸檬、一層鹽巴依序疊放。
   放入冰箱或陰涼處，待檸檬有出現黏稠狀，約醃漬一星期即可食用。

怀太都這樣做

沒有黃檸檬用一般綠皮檸檬也是可以的，也可以在醃漬檸檬裡面加入香料，例如：月桂葉、丁香、馬告或黑胡椒都可以喔！

假日的早晨不妨早起，
替自己或是家人做一份好吃又好看的早餐，
開啟一天心情與味蕾的美好。

Chapter 2

美味早午餐 BRUNCH

Introduction

　　我的母親只有國小畢業，可是卻寫得一手好字，數字概念非常好也很會做生意。以前的老師打的太厲害，她很害怕被老師打，所以國小畢業就離開漁村出來都市工作。雖然母親兄弟姊妹眾多，但是由於外公是公務員，所以他們的生活還算是過得去。小時候我們的早餐，跟著母親的家鄉口味，多半是傳統的熱食，如：粥品、魚羹麵、肉粽、菜粽、肉燥飯、碗粿、炒麵…等，都是道地的台南口味。

　　我家有四千金沒有兄弟，我的父母親在我們小時候，就會帶我們去當時稀有的西餐廳用餐，學習西餐餐桌禮儀。也因為父親常常出國去出差，常常帶回國外的舶來品與零食，是我對異國食物的啟蒙，也開啟了我對食物的好奇心。

　　小時候每到假日的時候，我們姐妹們就很愛玩辦家家酒，去路邊摘野花野草，假裝開餐廳、假裝開中藥行、開豬肉攤、開牛排店、菜市場…。再長大些我們把三樓空出來的客廳布置成一個女孩們的小天地，桌子的桌腳是用不要的舊書堆疊起來的四疊桌腳，然後上面放一塊板子，蓋上桌巾成了我們四人的餐桌，那時我們在那裡泡茶吃點心看漫畫看小說，小女孩們的天地溫馨的可以。

　　等到被允許可以走進廚房用火時，就開始效仿西餐廳上菜，從簡單的早餐做起。因為不是在市區長大的孩子，早餐速食店非常的少，當時家附近有很多老兵開的豆漿燒餅店，雖然那也很迷人但不會是我們的首選，我們還是模仿起台式的西式的早餐，買了吐司當時頂多抹上乳瑪琳再夾顆蛋，或是抹上巧克力醬變成巧克

力吐司，飲品就是牛奶或調味乳。那時天真的覺得一份簡單的吐司夾蛋就是西式早餐的代表，至少不是因為燙口而無法優雅食用的熱食，這是我西式早餐的啟蒙，更是甜甜蜜蜜的親情回憶。

水果鬆餅

果醬食材

草莓果醬	適量
草莓	5 顆
白砂糖	20g
水	30g

草莓醬作法

1 - 白砂糖先小火炒到稍微焦糖化。
2 - 加入草莓及水。
3 - 熬到草莓軟爛掉即可。
4 - 放涼備用。

鬆餅食材

鬆餅粉 ·······················200g
全蛋 ···························1 個
牛奶 ···························50g
融化的奶油 ················10g

① ②

全蛋打發到起泡。

牛奶、鬆餅、融化的奶油，加入打發的全蛋裡攪拌均勻。

鬆餅機加熱後刷上薄薄一層奶油。

攪拌好的鬆餅粉由鬆餅機中心倒入並分布均勻。

等鬆餅機蒸氣沒了或依據鬆餅機上完成的燈號指示後，打開
上蓋取出鬆餅。

6- 將鬆餅擺盤並放上水果及水煮蛋。

7- 淋上果醬再撒上糖粉裝飾即可。

 杯太都這樣做

全蛋一定要打發到冒泡，這樣鬆餅才會吃起來酥軟喔！

PINOH
MAKING YOUR LIFE BETTER

電源

加熱

酪梨醬水波蛋吐司

食材

酪梨醬 .... 適量

水波蛋 .... 1 顆

厚片吐司 .... 1 片

作法

1. 起一鍋水煮滾後轉小火,不要讓水沸騰起來。
2. 把雞蛋打在碗裡備用。
3. 用打蛋器或湯匙把作法1的熱水攪拌成漩渦狀。
4. 把蛋從漩渦中心放入。
5. 蛋白變白即撈起備用。
6. 吐司烤好、抹上酪梨醬,放上水波蛋撒上現磨黑胡椒即可享用。

 坏大都這樣做

煮水波蛋一定要將水攪拌成漩渦狀,不然蛋一下水會散掉喔!

藍莓醬法式吐司

食材

藍莓	1 盒
紅砂糖	2 茶匙
水	50ml
法棍	5 片
雞蛋	2 顆
鮮奶油	1 大匙
奶油	15g

作法

藍莓、紅砂糖、水一起入鍋煮至砂糖融化且藍莓軟掉，
醬汁稍微收汁，約煮 15 分鐘，放涼備用。

蛋、鮮奶油攪拌均勻。

法棍切厚片丟進蛋液裡面吸滿蛋液。

鍋子裡放入奶油加熱。

待奶油融化後，放入吸滿蛋液的法棍。

中微火煎到表面略焦。

法棍用盤子盛盤，並淋上煮好的藍莓醬，刨上些許檸檬
皮即可。

藍莓醬剛煮好時呈現液狀，但它本身有豐富的果膠，稍放涼之後會慢慢變濃稠。想吃比較果醬狀的可以把藍莓搗碎再煮也可以。

烤酪梨蛋

食材

酪梨⋯⋯⋯⋯⋯⋯1 顆
雞蛋⋯⋯⋯⋯⋯⋯1 顆
鹽⋯⋯⋯⋯⋯⋯少許

  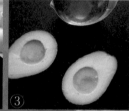
① ② ③

作法

酪梨對剖開來,將籽取出。
把蛋打入碗裡。
用湯匙把蛋清及蛋黃舀進酪梨洞裡。
表面撒上少許鹽巴。
酪梨蛋放入烤箱 200 度烤 10 分鐘即可。

 林太都這樣做

如果想要一個酪梨放一顆蛋,可以挑選大一點的酪梨。酪梨洞可以依
照蛋的大小來挖洞,大的酪梨烤的時間就要拉長,烤到酪梨表面略焦
即可。

瑪芬模烤蛋

食材

雞蛋	2 顆
熱狗	1 條
綠花椰菜	20g
鹽巴	5g
瑪芬蛋糕模	1 個

① ② ③ ④

作法

雞蛋 2 顆打勻，熱狗及綠花椰菜切碎。

將雞蛋、切碎的熱狗、花椰菜、鹽巴攪拌均勻。

烤箱上下火 180 度預熱 10 分鐘。

將攪拌好的蛋液倒入瑪芬烤模裡約 8 分滿。

放入烤箱烤 10 分鐘即可。

杯太都這樣做

瑪芬模裡的蛋液不要倒到全滿，讓蛋液有空間膨脹不至於溢出烤模。

這個鬆餅適合的烤盤約是 10 吋烤盤，是要有深度的烤盤，才能讓麵糊在烤後有位置長高；不喜歡肉桂粉的人也可以不加！這個鬆餅可甜可鹹，想吃甜的朋友在餡料的部份換成果醬即可。

德式鬆餅餐

鬆餅食材

全蛋	3 顆	肉桂粉	1/8 茶匙
中筋麵粉	1/2 杯	糖粉	1/2 茶匙
牛奶	1/2 杯	檸檬汁	1/2 茶匙
純香草精	1/8 茶匙	奶油	35 克

餡料食材

菇類	100g
小番茄	6 顆
生菜	少許
雞蛋	2 顆

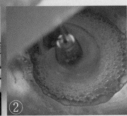

① ② ③

作法

1 - 把三顆全蛋打發至發泡。
2 - 加入牛奶、麵粉攪拌均勻。
3 - 加入香草精、肉桂粉攪拌後備用。
4 - 烤箱上下火 200 度預熱。

④ ⑤ ⑥ ⑦

作法

5 - 把奶油放到鍋裡，先放進烤箱裡融化後取出。

6 - 融化奶油後的鍋子，均勻的倒入麵糊後送入烤箱。

7 - 烤箱 200 度，烤 15 ～ 20 分鐘，注意鬆餅的變化，表面微上色即可取出。

8 - 烤箱繼續預熱不要關，將成形的鬆餅取出後，擺上餡料打上一顆蛋之後，再送入烤箱依個人喜好烤到蛋是你要的熟度取出。

9 - 取出成品放涼，淋上少許檸檬汁、撒上少許糖粉即可享用。

Chapter 3

蔬菜料理 VEGETABLES

紅花需要綠葉的點綴，美好的主食需要這些好吃又好看的簡單配菜陪襯，快學起來豐富你的餐桌顏色與視覺吧！

Introduction

　　我家餐盤上沒有出現過的蔬菜就是茄子，因為母親不敢吃，所以影響了我們姐妹全部都不敢吃，也不習慣吃。長大後某一天母親很自責的跟我說：「茄子其實是好東西啊！只是因為媽媽不敢吃而已，妳們不要因為媽媽就不吃茄子啊！」然後那時只白了媽媽一眼，覺得她說這些都於事無補了，不敢吃就是不敢吃。

　　母親過世後，我卻開始學著吃茄子，想說不要讓媽媽有遺憾，不想我們因為她而不敢吃茄子，雖然這是很好笑的原因，但卻是我的動力，於是我開始做茄子料理，中式、西式都做，發覺好像真的也沒那麼可怕，只要能接受它軟軟的口感。

　　母親的口味會影響一個人一生的味道，正確點應該說，家裡掌廚的人會影響家人的味覺。現在很多家裡都是男生掌廚，我投以羨慕的眼光，很多家庭煮夫可是燒的一手好菜呢！大半的廚師也都是男性，因為廚房實在是一個太高壓的地方了，講白點真的是水裡來火裡去，我覺得認真做菜的人都值得被嘉許的！

林太郎這樣做

這是一道非常快速不用開火的沙拉，宴客也好看，搭配海鮮或肉類都
很搭。番茄盛產的季節不妨買多一些種類來搭配，不同的口感不同的
味道，是非常開胃的一道沙拉。巴沙米克醋多少可以依照你買的種類
及自己的味道喜好增加或減少喔！沒有巴沙米克醋用其他水果醋代替
也可以。

番茄油醋沙拉

食材

各式番茄⋯⋯⋯⋯⋯ 數顆

李果類⋯⋯⋯⋯⋯⋯ 適量

巴沙米克醋⋯⋯⋯⋯ 適量

橄欖油⋯⋯⋯⋯⋯⋯ 適量

新鮮檸檬皮 ─── 適量

新鮮或乾燥羅勒葉⋯⋯ 適量

作法

把所有的食材都對剖

淋上巴沙米克醋

淋上少許橄欖油

撒上少許新鮮或乾燥羅勒葉

刨上些許檸檬皮

馬鈴薯餅

食材

馬鈴薯	1 顆
鹽巴	1/2 茶匙
麵粉	1 大匙
橄欖油	1 大匙

作法

1. 馬鈴薯洗淨不去皮削成絲。
2. 把馬鈴薯絲、鹽巴、麵粉混合攪拌均勻。
3. 鍋裡放橄欖油，熱鍋後把馬鈴薯絲分成 3 等份入鍋，用小火煎到微焦即可。

林太都這樣做

可以在馬鈴薯刨成絲後泡水半小時，讓澱粉洗掉一些，這樣的薯餅會更脆口喔！

地瓜蘆筍烘蛋

食材

地瓜	1 小條約 150g	鹽巴	1/4 茶匙
蘆筍	2 支	黑胡椒粉	1/4 茶匙
洋蔥	50g	牛奶	2 大匙
蒜頭	1 顆	無鹽奶油	15g
雞蛋	6 顆	橄欖油	1 大匙

作法

1 - 地瓜切薄片、蘆筍切大段、洋蔥和蒜頭切末。
2 - 雞蛋、鹽巴、黑胡椒粉、牛奶混合攪拌均勻。
3 - 平底鍋放些許油煎熟地瓜片備用。
4 - 平底鍋放其餘橄欖油炒洋蔥到軟化。
5 - 把煎好的地瓜片平鋪到洋蔥上面。
6 - 蘆筍再平鋪在地瓜片上面。
7 - 最上面放上無鹽奶油。

作法

8 - 把雞蛋蛋液倒入食材裡。

9 - 烤箱上下火 180 度預熱 10 分鐘。

10 - 將地瓜蘆筍蛋液放入烤箱烤 8 ～ 10 分鐘即可。

杯太都這樣做

烘烤的時間依照容器的高低不同，如果筷子插入不會黏出蛋液就代表
烤好了。

大蒜鯷魚青花筍

食材

青花筍	8 支
蒜頭	2 瓣
鯷魚	4 條
橄欖油	20c.c.

① ② ③
④ ⑤ ⑥

作法

1 - 青花筍去除枝幹的硬皮。
2 - 起一水鍋燙熟青花筍備用。
3 - 蒜頭去皮切碎備用。
4 - 平底鍋加入橄欖油。
5 - 炒鯷魚到鯷魚化開後,加蒜末繼續炒到蒜頭軟化。
6 - 加入青花筍拌炒至熟即完成。

 杯太都這樣做

不需要再調味!因為神奇的鯷魚炒過後,會給料理帶來香味跟美味。
這個菜就是要油多一點爆出鯷魚的香味來當拌醬,醬汁還可以拿來拌
麵或沾麵包吃喔!若不是青花筍的季節,也可以用其他十字花科蔬菜
代替。

馬札瑞拉起司烤茄子

食材

茄子	1 條
橄欖油	1 大匙
鹽巴	1/4 茶匙
番茄泥	1/2 大匙
馬札瑞拉起司	100g
乾羅勒葉	1/4 茶匙

① ② ③
④ ⑤ ⑥

作法

1. 茄子切成 1 公分厚，平鋪在盤子上。
2. 在茄子兩面撒上薄薄一層鹽巴，靜置 10 分鐘讓它們出水。
3. 將出水的茄子用餐巾紙吸乾。
4. 將吸乾水份的茄子放上斜紋烤盤或平底鍋上，雙面均勻烙烤。

Chapter 3

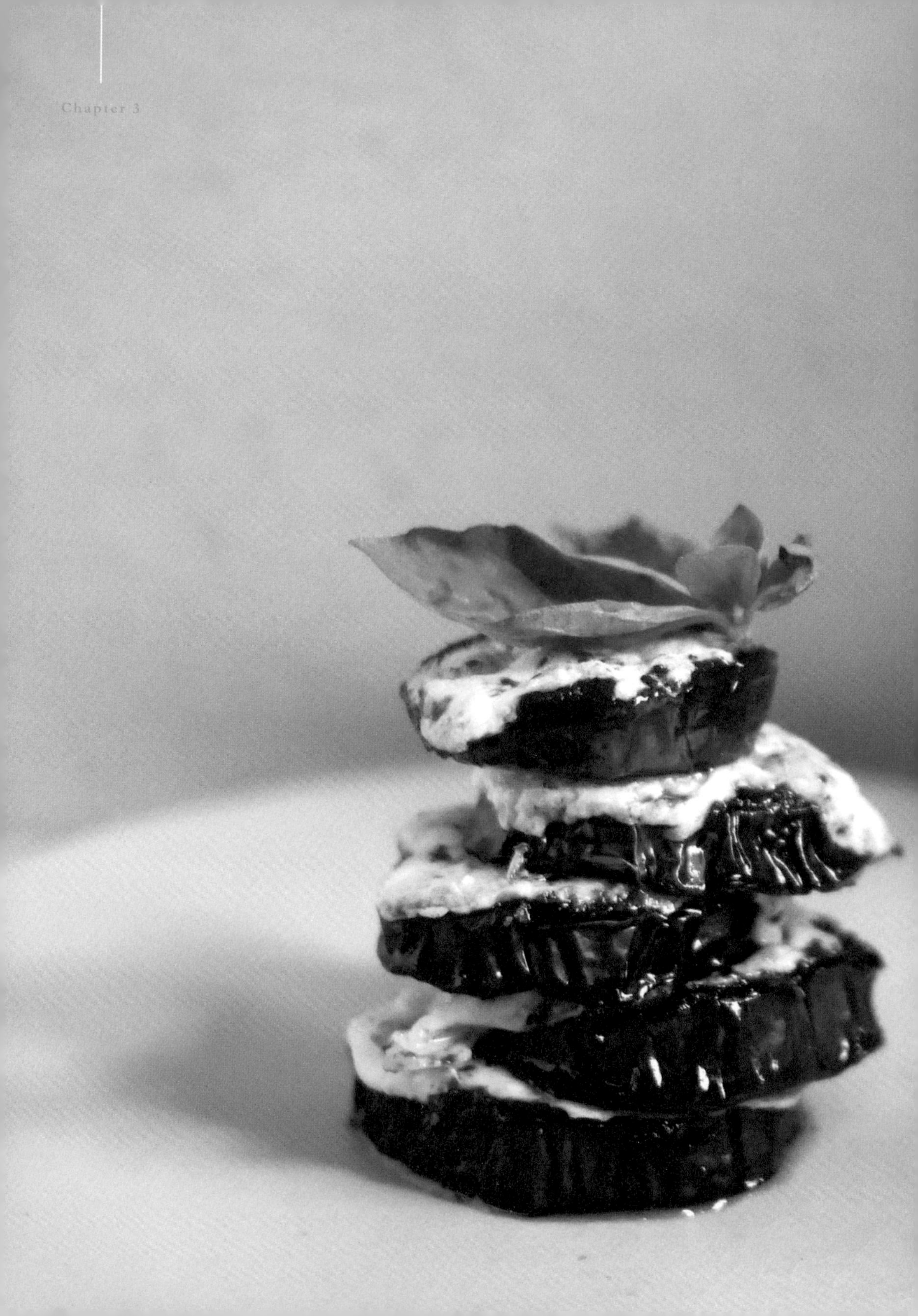

⑦ ⑧ ⑨

作法

5 - 烤盤抹上油擺上烙烤過的茄子。

6 - 將番茄泥、馬札瑞拉起司堆疊上去。

7 - 撒上乾燥羅勒葉、淋上橄欖油。

8 - 烤箱上下火 200 度預熱 10 分鐘，茄子放進去烤 10 分鐘即可。

林太都這樣做

烙烤過的茄子會增添另一層香氣，如果沒有烤箱也可以將茄子切薄一點，一樣兩面烙烤過後，放上番茄泥及馬札瑞拉起司，直到起司融化也可以喔！

香煎玉米餅

食材

玉米粒	30g	水	2 茶匙
麵粉（通用）	1 大匙	芫荽（或可用細蔥、平葉巴西里）	
蛋黃	1 個		少許切末
鹽	1 茶匙		

作法

1 - 取一大碗把所有材料攪拌在一起。

2 - 平底鍋加入些許油。

3 - 把攪拌好的麵糊放入鍋內微火煎熟。

4 - 用筷子插入玉米餅，不沾麵糊就可以起鍋了。

 林太都這樣做

煎玉米餅時麵糊不要鋪得太厚，火候儘量保持小火，寧可慢慢煎熟也不要煎到表面焦了而裡面沒有熟，也不要蓋鍋蓋以免水蒸氣滴落喔！

帕瑪森起司烤南瓜

食材

中型南瓜	半個約 300g
帕瑪森起司	30g
橄欖油	10ml
鹽巴	10g
百里香	3 根

 ①  ②  ③

1. 南瓜切成薄片約 0.2cm。
2. 帕瑪森起司刨成絲。
3. 將帕瑪森起司、橄欖油、鹽巴與南瓜混合均勻。
4. 將南瓜平鋪在烤盤上。
5. 烤箱上下火 180 度預熱 10 分鐘。
6. 南瓜盤放入烤箱烤 20 分鐘即可。

 林太都這樣做

南瓜烤的時間跟南瓜切的厚薄有關係，可以隨時注意是否有達到自己要的熟度就可以了。

帕瑪森起司烤白花椰菜

食材

白花椰菜	1 顆
帕瑪森起司	30g
橄欖油	10ml
鹽巴	10g
百里香	3 根

作法

1 - 白花椰菜切成小株。
2 - 帕瑪森起司刨成絲。
3 - 將帕瑪森起司、橄欖油、鹽巴與白花椰菜混合均勻。
4 - 將白花椰菜平鋪在烤盤上。
5 - 烤箱上下火 180 度預熱 10 分鐘。
6 - 白花椰菜盤放入烤箱烤 20 分鐘即可。

 杯太都這樣做

白花椰菜烤到微焦後滋味很棒,所以可以讓花椰菜烤到略焦喔!

巴沙米克醋烤蘑菇

食材

蘑菇	200 公克	醬油	½ 匙
橄欖油	1 匙	鹽巴	少許
巴沙米克醋	1 匙	黑胡椒	少許
蒜頭	1 顆切片		
百里香	少許		

①

②

作法

1 - 蘑菇不要水洗，只用刷子刷掉灰塵即可。
2 - 取一攪拌盆放入蘑菇。
3 - 將橄欖油、巴沙米克醋、蒜頭片、百里香、醬油、鹽巴和黑胡椒加入拌勻。
4 - 取一烤盤把均勻滾上醬汁的蘑菇平鋪上去。
5 - 烤箱 200 度預熱 10 分鐘。
6 - 把蘑菇放入烤箱烤 10 分鐘即可。

林太都這樣做

蘑菇若經水洗後會吸著水分，進烤箱烤後容易出水，會影響口味所以不建議洗它們喔！

杯太都這樣做

這是一個萬用醬汁，可以用來當早餐沾麵包的沾醬，也可以直接拌義
大利麵都很合適喔！
關於蛋的熟度，可以依照自己的喜好決定要烤到何種熟度，酸奶可加
可不加，想加入鮮奶油也是可以的。

番茄燉三色豆佐酸奶

食材

牛番茄⋯⋯⋯⋯⋯⋯⋯1 顆　　　蒜頭⋯⋯⋯⋯⋯⋯⋯2 瓣

番茄糊⋯⋯⋯⋯⋯⋯2 大匙　　橄欖油⋯⋯⋯⋯⋯1 大匙

三色豆罐頭⋯⋯⋯⋯1 罐　　　高湯⋯⋯⋯⋯⋯⋯100c.c.

洋蔥⋯⋯⋯⋯⋯⋯⋯1/4 顆　　生雞蛋⋯⋯⋯⋯⋯1 顆

　　　　　　　　　　　　　　酸奶⋯⋯⋯⋯⋯⋯1 大匙

作法

1 - 洋蔥、蒜頭切末，牛番茄切丁備用。

2 - 取一個可以放入烤箱的炒鍋把，先橄欖油入鍋，洋蔥炒軟之後下
　　蒜頭一起爆香。

3 - 加入牛番茄丁拌炒到軟後加入番茄糊、高湯煮約 5 分鐘。

4 - 放入三色豆攪拌均勻，煮約 3 分鐘。

5 - 在中心打入一顆生雞蛋。

6 - 烤箱 200 度預熱 10 分鐘，放入烤箱 200 度烤 5 分鐘。

7 - 取出後放上一大匙酸奶即可。

起司巴沙米克醋
烤甘藍菜

食材

芽甘藍菜	300g	醬油	½ 匙
帕瑪森起司	1 大匙	鹽巴	少許
橄欖油	1 大匙	黑胡椒	少許
蜂蜜	1 小匙		
鹽巴	1 小匙		

作法

1 - 芽甘藍洗淨後對切。

2 - 取一容器放入對剖的芽甘藍菜。

3 - 加入帕瑪森起司、橄欖油、蜂蜜、鹽巴攪拌均勻。

4 - 烤箱 180 度預熱，烤 10 分鐘。

5 - 烤箱取出盛盤之後，淋上少許巴沙米克醋及帕瑪森起司即可。

林太都這樣做

買不到芽甘藍菜時，拿台灣的高麗菜嬰來這樣做也一樣很好吃，可以當作溫沙拉吃，這道菜拿來當肉類的配菜也非常適合喔！

▶【壽滿趣-艾德劍橋】紐西蘭活性麥蘆卡蜂蜜。天然純淨，非常濃醇，能夠為料理增添風味，能做醬汁、沾鬆餅、泡茶等，是家裡必備的天然食材。

辣味香烤茄子佐優格醬

食材

圓茄	2 顆
蒜頭	2 瓣
鹽巴	¼ 匙
橄欖油	2 大匙
蕃茄泥	1 大匙
煙燻紅椒粉	1 大匙
巴西利	少許

醬汁

優格	100g
檸檬汁	1 匙

①

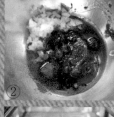
②

③

④

⑤

⑥

作法

圓茄切成條狀放在鍋裡備用。

取一容器加入橄欖油、蕃茄泥、切成末的蒜頭、鹽巴和煙燻紅椒粉，攪拌均勻。

把所有醬汁倒入切好的茄條裡，均勻塗抹。

取一烤盤將所有均勻塗抹醬料的茄子平鋪上去。

烤箱 180 度預熱 10 分鐘，放入烤 15 分鐘。

優格加入檸檬汁調勻。

茄子烤好盛盤後，淋上優格檸檬醬，撒上少許巴西利葉即可。

杯太都這樣做

煙燻紅椒粉可以用市面上各種紅椒粉取代喔！喜歡蒜味多一點的人，
可以把蒜頭磨成泥，會更容易附著在茄子上，買不到圓茄用一般的茄
子也可以的。

鯷魚醬溫沙拉

食材

鯷魚醬	適量	酪梨	1 顆
花椰菜	¼ 顆	紅蘿蔔	少許
南瓜	1 小塊	水果黃瓜	1 條
紅、黃椒	各半顆		

① ② ③ ④ ⑤ ⑥

作法

把花椰菜切小段、南瓜切薄片、紅黃椒切條。

紅蘿蔔、水果黃瓜用刨刀削直條狀。

取一斜紋烤盤，爐火轉文火。

鍋熱後把花椰菜、南瓜、紅黃椒、紅蘿蔔條平鋪後烙烤至熟。

5 - 酪梨對切去籽，放上烤盤烙烤上紋路。

6 - 取一盤子放上所有烤熟的蔬菜。

7 - 水果黃瓜捲成圓柱狀放上去裝飾。

8 - 把鯷魚醬放旁邊，要吃時可以用沾的或是淋上去享用。

蔬菜可以依照季節來調整搭配，就是很應時的溫沙拉喔！

誰說海鮮類煮起來很麻煩！我就是那個怕麻煩的人，跟著我的食譜做海鮮，讓你馬上就上手。

Chapter 4

海鮮料理 SEAFOOD

Introduction

　　有一種好吃的滋味，就是媽媽做的每一道都特別好吃！

　　外公是公務員，但為了養小孩所以也一邊養殖漁塭。每每回外公外婆家，由於人數眾多，菜都上不了桌，外婆用椅凳翻轉過來當鍋架，煮上整鍋的紅燒鹽水吳郭魚、整鍋的竹筍蚵仔粥，大家站著取餐。孩子只會瞄準魚眼跟魚鰓，一整鍋幾乎都是無眼無鰓魚，就這樣唏哩呼嚕的很快就餵飽一家將近三十口人。

　　飯後娛樂就是在漁塭裡游泳抓螃蟹、蝦子，想當然爾身體一定被蝦子割的傷痕纍纍，母親只好在夜晚一個一個幫我們擦藥，然後好了之後我們又一再的重複循環，樂此不疲！整個漁塭就是我們的快樂天堂。

　　我沒有像母親對料理海鮮這麼厲害，但是我有著這些愛的記憶，用我的方式記憶著母親。

香料鹽焗魚

食材

魚⋯⋯⋯3 尾（一尾約手掌大）

鹽巴⋯⋯⋯⋯⋯⋯⋯⋯200g

乾燥蘿勒葉⋯⋯⋯⋯1 茶匙

乾燥迷迭香⋯⋯⋯⋯1 茶匙

乾燥百里香⋯⋯⋯⋯1 茶匙

米酒⋯⋯⋯⋯⋯⋯⋯⋯3 茶匙

①

②

③

作法

1 - 先混合鹽巴及所有乾燥蘿勒葉、迷迭香、百里香備用。

2 - 魚洗淨後擦乾鋪在盤子上。

3 - 米酒均勻淋在魚上。

4 - 烤盤上先鋪上薄薄一層香料及鹽巴，有新鮮的香草也可以放上去。

5 - 再擺上已經淋完米酒的魚。

④

6 · 用剩下的鹽巴滿滿覆蓋住魚肉。

7 · 烤箱上下火 180 度預熱 10 分鐘後，放入烤 15 分鐘即可。

林太都這樣做

烤魚的時間要看你買的魚的大小及厚薄，基本上筷子能夠插入不會沾魚肉就是烤好了。

奶油檸檬烤鮭魚

食材

鮭魚⋯⋯⋯⋯⋯⋯⋯⋯⋯200g
鹽巴⋯⋯⋯⋯⋯⋯⋯⋯⋯1/2 茶匙
奶油⋯⋯⋯⋯⋯⋯⋯⋯⋯5g
檸檬汁⋯⋯⋯⋯⋯⋯⋯⋯1 茶匙

①

②

作法

1 - 把奶油抹上烤盤。
2 - 檸檬汁先均勻塗抹在鮭魚表面。
3 - 再用鹽巴均勻塗抹在鮭魚的表面。
4 - 表面擺上兩片檸檬片。
5 - 烤箱上下火 180 度預熱 10 分鐘。
6 - 鮭魚放入烤箱 180 度烤 15 分鐘即可。

杯太都這樣做
用檸檬或黃檸檬都可以喔！

酪梨鮮蝦沙拉

食材

鮮蝦	5 隻	鹽巴	少許
酪梨	1 顆	黑胡椒粉	少許
小番茄	3 顆	檸檬汁	1 大匙
香菜	少許		

作法

1. 鮮蝦煮熟剝殼取肉。
2. 小番茄切對半，酪梨切半，一半切成小塊。
3. 另一半酪梨用刀切薄片，捲成酪梨花備用。
4. 取一容器放入切塊的酪梨、小番茄、鮮蝦、香菜末、鹽巴、黑胡椒粉、檸檬汁，攪拌均勻。
5. 取一盤子放入攪拌好的酪梨沙拉，旁邊再放上捲好的酪梨花，即可。

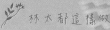 杯太都這樣做

加檸檬汁可以讓酪梨不會氧化變黑，更增加口味變化。不會捲酪梨花
的可以直接切塊，這是一道適合夏日的沙拉，很開胃又清爽。

地中海烤魚

食材

魚	1 尾	小番茄	4 顆
馬鈴薯	1 顆	迷迭香	2 支
洋蔥	半顆	百里香	2 支
四季豆	8 支	橄欖油	1 大匙
蘑菇	8 顆	鹽巴	1 大匙
紅蘿蔔	4 片	蒜頭	6 顆
蕃茄	1 顆	檸檬片	3 片

①

②

④

作法

1 - 取一烤盤底部抹上薄薄一層橄欖油。

2 - 將魚清洗好後，魚皮抹上橄欖油及鹽巴，魚肚的地方塞進迷迭香、百里香、蒜頭及檸檬片。

3 - 馬鈴薯切薄片約 0.3 公分，切好平鋪墊在烤盤底部。

4 - 洋蔥切塊，紅蘿蔔、蕃茄切薄片，小番茄切對半，蘑菇清洗乾淨，四季豆切段，平均放進烤盤裡。

5 - 將鱸魚放上鋪滿蔬菜的烤盤上。

6 - 烤箱上下火 200 度預熱 10 分鐘後，魚放入約烤 20 分鐘即可。

這道料理可以這樣做

1、蔬菜類可依照季節及你想吃的食材去替換,只是要注意因為要均
    勻烤熟,所以食材厚薄必須注意,以免烤出來有些蔬菜沒熟透。
2、迷迭香跟百里香可用乾燥香料取代喔!

鹽漬檸檬烤魚

食材

魚	1 尾約巴掌大	鹽漬檸檬汁	1.5 大匙
小番茄	數顆	米酒	1 大匙
鹽漬檸檬	¼ 顆		

作法

1. 魚清洗乾淨後，兩面均勻抹上米酒。
2. 再將鹽漬檸檬汁均勻塗抹上。
3. 在魚肚子處放入鹽漬檸檬片。
4. 小番茄平鋪在烤盤上。
5. 烤箱上下火 200 度預熱 10 分鐘後，將魚放入烤約 15 分鐘即可。

🌿 杯太都這樣做

買魚的時候請魚販直接幫你清除肚內雜物，回家清洗後就可以直接料理囉！鹽漬檸檬烤魚風味非常好吃，是一道簡單無油煙的魚料理方式。

烤海鮮佐塔塔醬

食材

小捲⋯⋯⋯⋯⋯⋯3 隻
蝦仁⋯⋯⋯⋯⋯⋯10 隻
檸檬皮⋯⋯⋯⋯⋯半顆
塔塔醬⋯⋯⋯⋯⋯1 碗

作法

1 - 清洗海鮮，把小捲切成圈狀，蝦仁挑去腸泥。
2 - 把食材平舖放上烤盤。
3 - 烤箱 180 度預熱 10 分鐘，再放入烤 10 分鐘取出。
4 - 塔塔醬擺一旁，可以刨上檸檬皮增加香氣。

林太都這樣做

塔塔醬在醬汁篇章裡有作法（P.38），海鮮種類可以依照自己喜歡及
季節不同來更換。檸檬皮可加可不加，能夠增加香氣及清爽口感。

嫩煎鮭魚佐
紅藜庫司庫司沙拉

食材

鮭魚	1 片約 150g	橄欖油	1 匙
紅藜	5g	蘆筍	3 支
庫司庫司	40g	鹽巴	1 匙
高湯	40g		

作法

鮭魚均勻抹上鹽巴備用。

紅藜清洗到沒有泡沫為止，取一湯鍋盛水加入紅藜，用小火煮 10 分鐘後再燜 10 分鐘，備用。

取一盆器裝入庫司庫司，淋上橄欖油及鹽巴攪拌均勻。

滾燙的高湯沖入裝有庫司庫司的碗裡，蓋上蓋子燜約 10 分鐘。

取一不沾平底鍋，抹上薄油加熱至微冒煙。

鮭魚皮朝下煎脆後，再翻面煎至四面均熟。

煎鮭魚的鍋子繼續煎熟蘆筍。

把燜熟的庫司庫司加入紅藜，充分攪拌鬆開後盛盤。

放上蘆筍及煎好的鮭魚即可。

 杯太都這樣做

庫司庫司是一個沒有味道的食物，但是營養價值極高。加入高湯及調味，會讓它變得更好吃。記住一定要趁熱拌鬆，不然可是會黏成一小團一小團的喔！庫司庫司 Couscous「北非小米」，在一般量販店都可以買到哦！

杯太都這樣做

海鮮種類可以依照自己喜好來選擇，這一道菜輕輕鬆鬆只需要 30 分鐘，用一個鍋子煮海鮮，連湯都一起煮好了，而且湯頭非常鮮美啊！

蒸海鮮洋蔥湯

食材

蝦子	1 斤	洋蔥	2 顆
小捲	1 尾	紅蘿蔔	1 根
蛤蠣	1 斤	高湯	500 公克
		水	500 公克

① ② ③
④ ⑤ ⑥

作法

1. 準備一蒸煮鍋。
2. 清洗蝦子、小捲、蛤蠣後擺上蒸盤備用（照片為拍照效果用，正確蒸煮數量請參考食譜食材數量）。
3. 洋蔥、紅蘿蔔切塊狀，放入海鮮蒸鍋的最下層湯鍋裡。
4. 倒入高湯及水。
5. 蒸鍋轉大火滾後轉為中火，熬煮 20 分鐘到洋蔥及紅蘿蔔都軟化。
6. 擺上已經鋪好海鮮的蒸盤，轉大火繼續蒸約 5 分鐘，中間記得開蓋把海鮮翻攪一下，可以讓它蒸的更均勻。

Chapter 5

肉類料理 MEAT

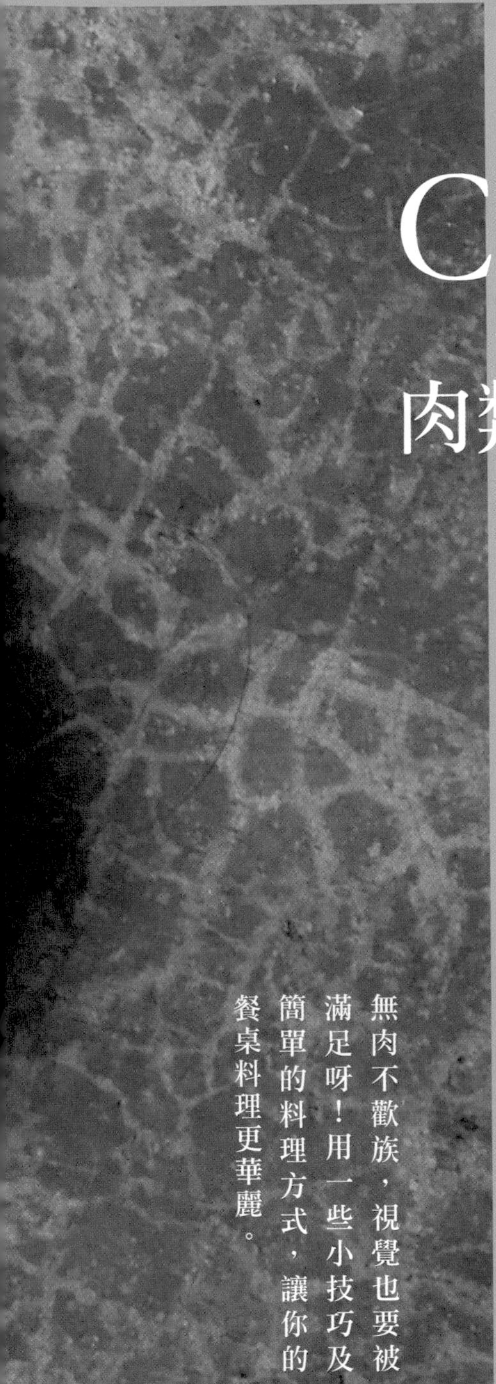

無肉不歡族，視覺也要被滿足呀！用一些小技巧及簡單的料理方式，讓你的餐桌料理更華麗。

1

2

3

4

5

6

Introduction

　　小時候最開心就是父親下午拎著一隻烤鴨回家。愛鴨皮的香脆，愛甜麵醬甜甜的滿足台南人的口味，愛荷葉餅夾著沾滿甜麵醬的鴨肉片跟一支蔥段，捲成一捲大口吃下超級滿足的，再把炒料的醬汁淋上白飯大口扒進幾口飯，人生快樂莫過於此。

　　平時沒有配菜也沒關係，母親只要滷一鍋滷肉，就可以讓我們隨便把飯吃光光。以前的人說只要有一道鹹的就可以吃下一碗飯，我真的是一個滷肉飯人，只要有肉一切好談，哈！

　　妹妹遠嫁德國，德國妹婿最愛吃的台灣食物烤鴨是其中之一，每年他們帶孩子回來過暑假，我們都笑稱我們的烤鴨假期來了。吃遍各家的烤鴨，總會留下兩三家來替換，夾入洋蔥也很對味。烤鴨牽起我們家的情感線，妹妹強大到在德國自己也會做烤鴨，看著她耐心的一遍又一遍的淋醬在鴨皮上，自己醒麵皮撖荷葉皮，用吸管吹氣把鴨皮撐開而漲紅的臉，我知道那都是愛啊！

　　不管是烤鴨或是滷肉，每個人家中都有一些專屬的家庭寵味，那一味永遠在你記憶裡，想到就是甜甜的滋味，這樣真的很好。

蘇格蘭炸蛋

食材

溏心蛋	2 顆	乾燥或新鮮巴西利	1/4 茶匙
豬絞肉	350g	雞蛋	1 顆
鹽巴	1/2 茶匙	麵粉（通用）	半杯
紅椒粉	1/2 茶匙	麵包粉	半杯

① ② ③
④ ⑤ ⑥

作法

溏心蛋作法：冷水放入雞蛋，水滾後過 5 分鐘撈起來浸冰水，待冷卻剝殼備用。

2 - 豬絞肉、鹽巴、紅椒粉、巴西利混合攪拌均勻，攪拌到肉產生黏性。

3 - 把攪拌好的豬絞肉，平均包覆在已剝好殼的雞蛋外面，並捏緊。

4 - 把蘇格蘭蛋先裹上一層薄麵粉、再裹上蛋液，最後裹上麵包粉稍微壓緊一下。

5 - 起一油鍋 180 度，炸約 5 ～ 6 分鐘即可。

杯太都這樣做

若徒手把豬絞肉包上蘇格蘭蛋不好包，可以利用保鮮膜，在保鮮膜上面放上肉，再放上蛋，像包飯糰一樣把它們包覆好，既快速又方便。

培根牛肉捲

食材

培根	9 條
牛絞肉	200g
肉豆蔻	少許
黑胡椒	1/4 茶匙
鹽巴	1/2 茶匙
橄欖油	1 大匙

醬汁

蘋果	1 個
洋蔥	1 個
高湯	75ml
鹽巴	1/4 茶匙
巴沙米克醋	少許

①
②
③

作法

1– 培根編織成井字型備用。

2– 牛絞肉加入肉豆蔻粉、黑胡椒粉、橄欖油、鹽巴攪拌均勻，整形成橢圓狀。

3– 烤箱上下火 180 度預熱 10 分鐘。

4– 把牛絞肉條放上去培根網裡包起來。

5– 用錫箔紙把培根捲包起來放上烤盤。

6– 蘋果、洋蔥切大塊一起放上烤盤烘烤。

④ ⑤ ⑥ ⑦ ⑧

作法

放進烤箱烤 10 分鐘。

拆掉錫箔紙再烤 8 分鐘。

把烤過的蘋果、洋蔥、培根油脂、高湯、鹽巴，一起放入調理機裡打成泥作為醬汁。

醬汁鋪底、放上培根牛肉捲，再淋上少許巴沙米克醋即可。

林太都這樣做

沒有肉豆蔻不放也沒關係，這是一道好看又好吃的宴客菜。

培根蘆筍捲

食材

蘆筍	數根
培根	跟蘆筍數量一樣
帕瑪森起司	1 茶匙
乾燥或新鮮巴西里	少許

① ② ③ ④

作法

1. 將蘆筍比較粗的表皮刨掉。
2. 把蘆筍稍微川燙過，水滾後煮 1 分鐘就撈起。
3. 蘆筍放涼後，把培根斜捲上蘆筍並放上烤盤。
4. 平均撒上帕瑪森起司及巴西里。
5. 烤箱上下火 180 度預熱 10 分鐘。
6. 把捲好培根的蘆筍，放入烤箱 180 度烤 15 分鐘即可。

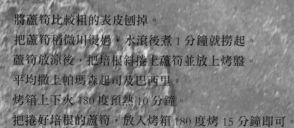

杯太都這樣做

想吃蘆筍比較爽脆的口感，也可以不川燙直接捲上培根，即可進烤箱烘烤喔！

羊小排佐蒜味美乃滋

食材

檸香蒜味美乃滋	適量
羊小排	5 支
鹽巴	1 茶匙
黑胡椒	1/4 茶匙
橄欖油	1 大匙

 ①
 ②
 ③

作法

1 - 羊小排先用廚房紙巾吸乾表面水份。

2 - 羊小排兩面抹上少許鹽巴及黑胡椒醃漬半小時。

3 - 取一煎鍋放入橄欖油，鍋加熱後放入羊小排，兩面各煎 3~5 分鐘，看羊肉的厚薄決定。

4 - 取出羊排靜置 10 分鐘。

5 - 搭配檸香蒜味美乃滋（P.40）一起食用即可。

杯太都這樣做

羊排煎好靜置一下再食用，跟牛排是一樣的道理，讓肉汁回到肉本身，這樣肉會更嫩更好吃喔！

香煎鴨胸無花果

鴨胸 ························· 1 片
無花果 ······················ 2 顆
鹽巴 ······················ 1/4 茶匙

 ①
 ②
 ③
 ④
 ⑤
 ⑥
 ⑦
 ⑧

作法

1. 鴨胸表皮切菱格紋，不要切到肉，表皮抹上鹽巴。
2. 中文火慢煎鴨胸，一面約 5 分鐘，四面都要煎。
3. 鴨胸起鍋後靜置 10 分鐘。
4. 煎鴨胸的鍋子不要洗，無花果對切後，直接放入煎到表面微焦。
5. 取出煎好的無花果擺盤。
6. 再把靜置好的鴨胸切片擺上去即可。

杯太都這樣做

鴨胸一定要靜置一下，讓肉汁回到肉本身，這樣才會更好吃，煎過的
無花果風味更佳，配上鴨胸更是絕配。

林太教這樣做

此道料理搭配麵包或義大利麵食用都非常美味喔！鮮奶油及奶油的份量，可以依照自己喜愛的口味增減。

雞胸肉佐檸檬大蒜奶油醬

食材

雞胸肉	2 大片	麵粉（通用）	1 茶匙
奶油	20g	鹽巴	1/2 茶匙
鮮奶油	50ml	雞高湯	150ml
		乾燥或新鮮巴西利	1/4 茶匙

作法

1 - 雞胸肉切成一半變成四片，鍋子放橄欖油煎上色備用。
2 - 蒜頭切末，煎雞胸肉的鍋子不洗，放入奶油加蒜末炒一下。
3 - 再加入麵粉拌炒到麵粉糊掉後，加入高湯及鮮奶油煮滾。
4 - 加入檸檬汁拌勻，放回雞胸肉一起燉煮約 3 分鐘。
5 - 加入檸檬丁及巴西利葉即完成。

泰好吃炸雞翅

食材

雞翅⋯⋯⋯⋯⋯⋯⋯⋯10 隻
魚露⋯⋯⋯⋯⋯⋯⋯⋯1 大匙

作法

1. 雞翅洗淨後擦乾。
2. 取出一個乾淨的塑膠袋把雞翅裝進去。
3. 一大匙魚露放進塑膠袋裡混合均勻裹上雞翅。
4. 放進冰箱醃漬一小時。
5. 起油鍋先用中溫大約 140 度炸 5 分鐘，再升高溫度到 180 度到雞翅上色即可起鍋。

林太都這樣做

炸油最好淹過食材，這樣才能確保能夠炸的均勻。雞翅炸的時間要看雞翅的大小，用一支筷子插入油中，若筷子冒小泡泡就差不多是中油溫，就可以下雞翅了，最後拉高油溫是要搶酥逼油，這個動作不可少，這樣炸出來的雞翅才會香酥！

綜合時蔬烤雞腿

食材

大雞腿	2 支
馬鈴薯	2 顆
紅蘿蔔	1 條
洋蔥	1 顆

蔬菜調味料

鹽巴	1 匙
橄欖油	2 大匙
黑胡椒粉	¼ 匙

雞腿醃料

鹽巴	1 匙
橄欖油	1 匙
黑胡椒粉	¼ 匙

作法

1. 取一容器將雞腿及醃料抓醃一下，再放進冰箱續醃 30 分鐘。
2. 馬鈴薯、紅蘿蔔、洋蔥切大塊放到烤盤裡。
3. 蔬菜調味料與烤盤上的蔬菜攪拌均勻。
4. 取出冰箱裡醃好的雞腿放在最上層。
5. 烤箱上下火 180 度預熱 10 分鐘後，放入烘烤 25 分鐘即可。

杯太都這樣做

因為蔬菜要跟雞腿一起烤，所以最好利用根莖類耐烤的蔬菜，也不要切的太小塊，以免蔬菜過熟而肉還沒熟，烤箱時間要視買的雞腿大小隻而定。基本上拿根筷子插進中心肉裡，如果筷子很容易穿透，就代表烤熟了。

義大利麵、燉飯輕鬆學會，利用食材讓這些主食變化萬千，用這些簡單又好吃的料理，讓你在家也能變大廚。

Chapter 6

燉飯、義大利麵
RISOTTO、PASTA

Introduction

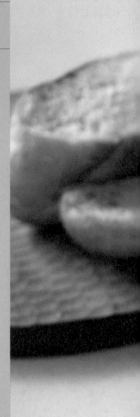

　　最原先的記憶，吃到義大利麵應該是在早
餐店的台式偽義大利肉醬麵，突然覺得，哇！
這樣的炒麵好好吃喔！

　　後來在電視頻道上看到奧立佛，他應該是
讓很多人對國外料理及餐盤樣貌都改觀的人。
不論他的料理好吃與否，光是看他做菜就有一
種療癒及簡單的感覺。他豐富了我對食物的想
像，我開始研究怎麼放這些食物上桌能夠賞心
又悅目，開始學著做簡單的義大利麵，上網搜
尋其他人的食譜、買食譜書，出國就瘋狂的扛
食譜回來，慢慢的做義大利麵就較能隨心所欲
了。

　　假日的獨處時光或兩個人的世界，義大利
麵和燉飯是再適合不過的食物了。搭配著一些
蔬菜，人多時就再挑兩樣肉類搭配就很足夠。
吃飽去散個步再愜意不過了，不想假日人擠人
上餐館，不妨學著自己下廚，生活樂趣滿滿的。

油漬番茄培根義大利麵

食材

油漬番茄	10 顆	蒜頭	2 瓣
塊培根	50g	橄欖油	1/2 茶匙
洋蔥絲	50g	鹽巴	1 茶匙

①　②　③
④　⑤　⑥

作法

1. 義大利麵依照包裝烹調時間煮好備用。
2. 橄欖油入鍋下切塊培根，煎到略乾並逼出油脂即可。
3. 加入蒜頭、洋蔥絲炒到洋蔥軟化。
4. 加入油漬番茄一起拌炒一下。
5. 加鹽巴調味。
6. 放入義大利麵後就可以關火，攪拌均勻即可上菜。

▶ 推薦我愛用的橄欖油品牌—【壽
滿趣- Bostock】頂級冷壓初榨酪
梨油及蒜香風味橄欖油。紐西蘭
原瓶進口,適合直接沾麵包、涼
拌、沙拉及中西式料理。

 林太都這樣做

橄欖油不用放太多,因為培根本身會有油脂,所以不要倒太多油,才
不至於料理過油。愛吃辣的朋友也可以加一點辣椒拌炒也很美味。

鮮蝦紅椒義大利麵

食材

義大利麵	2 人份 200g	紅椒粉	1/2 茶匙
蝦肉	150g	橄欖油	1 大匙
蔬菜	50g	鮮奶油	75ml
洋蔥	50g	鹽巴	1/2 茶匙
煮麵水	100ml	蒜頭	2 瓣

作法

1. 義大利麵依照外包裝烹調時間煮熟，留下 100ml 的煮麵水備用。
2. 洋蔥切成絲，用橄欖油快炒到軟化。
3. 加入鮮蝦炒到快熟。
4. 加入鮮奶油、煮麵水、紅椒粉及鹽巴，一起入鍋煮滾並攪拌均勻。
5. 加入切段的蔬菜，炒到蔬菜軟化後熄火。
6. 熄火後加入煮好的義大利麵條，拌勻後即可享用。

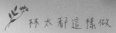

杯太都這樣做

蔬菜的選擇可以依照你自己的喜好加入，沒有一定要加什麼蔬菜！蝦子的份量也可以依照自己的喜好增加或減少都是可以的。

雙菇燉飯

食材

燉飯米	2 杯	蒜頭	5 瓣
蘑菇	250g	鹽巴	1 茶匙
牛肝菌菇	50g	高湯	2 公升
橄欖油	2 大匙	帕瑪森起司	30g
奶油	15g	紅椒粉	1/2 茶匙
洋蔥	100g		

作法

1. 中火將洋蔥、蒜頭切末炒到洋蔥軟化。
2. 加入蘑菇炒到蘑菇軟化縮水。
3. 加入牛肝菌菇一起拌炒約 1 分鐘。
4. 白米不用洗，直接加入白米，用中火拌炒約 2 分鐘。
5. 火力保持小火加熱高湯，第一次加入高湯到淹蓋鍋裡食材高度。
6. 待高湯被米粒吸收後，再繼續加入第 2 次、第 3 次…高湯，重複動作至米飯的熟度是你喜歡的口感。
7. 待煮好後熄火，最後加入奶油及帕瑪森起司拌勻即可。

林太都這樣做

沒有牛肝菌菇也可以省略！菇類可以依照自己的喜好挑選，菇類的份量可以自由的刪減。此配方菇類口味較重，帕瑪森起司的份量也可以依照自己的喜好斟酌。

杯大都這樣做

如果沒有鼠尾草，不加也沒有關係。改用加義式綜合香料或乾羅勒葉
都可以。

南瓜洋蔥義大利麵

食材

義大利麵	1 人份	鹽巴	1/2 茶匙
南瓜	200g	培根	1 條
洋蔥	50g	橄欖油	1 大匙
乾燥鼠尾草	1/4 茶匙		
（或新鮮鼠尾草	6 片）		

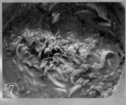 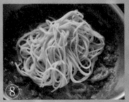

作法

1. 義大利麵依照包裝指示煮好備用。
2. 南瓜切小塊，電鍋外鍋一杯水蒸熟，取出後用食物處理機攪成泥。
3. 培根切細條下鍋煸微乾。
4. 洋蔥切細絲，下鍋一起炒到洋蔥變軟。
5. 加入南瓜泥、調味。
6. 加入義大利麵後熄火拌勻即可。

杯太都這樣做

所有食材切成一口大小是為了方便食用，生菜及海鮮可以依照自己喜好或方便取得的食材使用，放入蝦仁也可以。巴沙米克醋及鹽巴可以依照自己的口味調整，這是一道很清爽又有飽足感的沙拉。

義大利麵沙拉

食材

義大利捲麵	200g	橄欖油	2 大匙
櫛瓜	1 支	黑胡椒粉	2 小匙
牛番茄	1 顆	鹽巴	2 小匙
酪梨	1 顆	帕瑪森起司	10g
羅勒	3 片	開心果	10 顆

作法

1 - 義大利捲麵依照外包裝時間煮熟，加入一大匙橄欖油拌勻放涼備用。

2 - 櫛瓜切小片，烤箱 200 度 10 分鐘烤熟放涼備用。

3 - 牛番茄、酪梨切丁，羅勒葉切絲備用。

4 - 把所有食材放入大鍋裡，加入帕瑪森起司、鹽巴及剩餘的一大匙的橄欖油，攪拌均勻，最後再放上開心果即可。

林太郎這樣做

加入些許鮮奶油可以使香味更濃郁，加入檸檬汁使風味更清爽且不會
油膩，如果不喜歡鮮奶油的人也可以不加。

青檸鮮蝦義大利麵

義大利麵	200g	蒜頭	3 顆
鮮蝦	300g	鮮奶油	30g
水	100g	檸檬汁	30g
鹽巴	½ 匙	檸檬皮	1 顆
橄欖油	2 大匙		

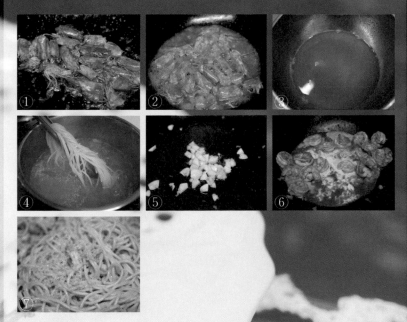

作法

1 - 蝦肉跟蝦殼分開，蝦肉開背去腸泥。

2 - 起一油鍋下一大匙橄欖油，蝦頭爆炒到熟，加入100g水，熬成蝦油水。

3 - 取一湯鍋照義大利麵外包裝時間煮熟義大利麵備用。

4 - 取一鍋子，加入一大匙橄欖油，將蒜頭切成蒜末用中火下鍋拌炒。

5 - 加入蝦肉拌炒到半熟後，倒入蝦油水煮滾。

6 - 加入鮮奶油、檸檬汁、檸檬皮、鹽巴攪拌均勻。

7 - 加入義大利麵後熄火，拌勻鍋內醬汁與麵條，盛盤後再刨上新鮮檸檬皮即可。

鮮蝦小捲燉飯

食材

鮮蝦仁	約 20 隻	洋蔥	半顆
小捲	2 隻	蒜頭	3 瓣
米	2 杯	橄欖油	1 大匙
高湯	8 杯		

作法

1. 洋蔥、蒜頭切末。
2. 熱鍋後下橄欖油、洋蔥末、蒜頭拌炒到半熟。
3. 加入米拌炒一下，轉小火加入些許高湯。
4. 水份被米吸乾後，高湯分三次加入至剩少許水份即可。
5. 起一乾鍋微火乾烙煎熟蝦肉、小捲。
6. 燉飯盛起後放上蝦仁、小捲，再刨上新鮮檸檬皮即可。

 杯太都這樣做

燉飯米口感可依照自己喜歡的軟硬調整水量，由於我使用的是市售高湯，已是有調味了，所以就不再另外調味。若是用水當高湯，則需自己調味。

綜合時蔬義大利麵

食材

義大利直麵	200g	蒜頭	2 瓣
馬鈴薯	100g	橄欖油	2 大匙
櫛瓜	1 條	鹽巴	1 匙
玉米筍	5 根	黑胡椒	1 匙
洋蔥	1/4 顆		

作法

1 - 義大利麵依照外包裝烹調時間煮熟備用。
2 - 馬鈴薯切細條，櫛瓜切約 0.2 公分圓片備用。
3 - 洋蔥切丁，蒜頭切末備用。
4 - 馬鈴薯先下鍋煎熟。
5 - 再加入櫛瓜、洋蔥、蒜末炒熟。
6 - 撒上鹽巴及黑胡椒拌炒均勻。
7 - 加入煮熟的義大利麵攪和均勻即可。

 林太都這樣做

這是一道蔬食料理，蔬菜可以依照季節更換，但是要看食材熟的速度決定下鍋的順序，以免食材熟度不均勻，想吃肉類的朋友也可以加入培根肉喔！

焗烤培根番茄肉醬千層麵

食材

千層義大利麵 ············· 10 片
培根番茄肉醬 ············· 適量
莫札瑞拉乳酪絲 ············· 1 杯
帕瑪森起司粉 ············· 1 大匙

作法

1. 千層義大利麵依照外包裝烹調時間煮熟備用。

取一烤盤，一層肉醬一層麵皮往上堆疊。

最上面鋪上乳酪絲，最後撒上帕瑪森起司粉。

烤箱上下火 200 度預熱 10 分鐘後，放入烤 8~10 分鐘即可。

 杯太都這樣做

培根番茄肉醬在前面篇章裡有作法（P.32），義大利麵及醬汁都可以
自己增減。乳酪烤的熟度也可以依照自己的口感，想吃軟一點的就把
食物提早一點從烤箱取出，像我喜歡吃焦一點的就烤久一點。使用烤
箱料理還是要專心的看顧，才不會功虧一簣。萬用培根番茄肉醬備
著，煮一般的義大利麵也都可以拌著吃。

涼拌辣味百香檸檬蝦

食材

蝦子	600g	辣椒	2 根
紫洋蔥	半顆	白芝麻	1 大匙
黃檸檬	1 顆	白醋	1 大匙
檸檬	半顆	魚露	1 大匙
百香果	2 顆	鹽巴	1/4 小匙
桔子	6 顆	白糖	1 大匙
蒜頭	6 瓣	香菜	1 把
		橄欖油	50ml

蒜頭、辣椒切碎,放進耐高溫的碗中。

取一鍋子加熱橄欖油至鍋緣冒泡,將熱油沖進蒜頭辣椒末裡,再加入白芝麻攪拌一下放涼備用。

蝦子去頭尾挑去沙筋,起一鍋熱水燙熟蝦子,水滾後下蝦子燙約 40 秒,撈起放涼備用。

紫洋蔥切細絲、黃檸檬切薄片、香菜切末備用。

取一有深度的攪拌盆,放進蝦子、紫洋蔥絲、黃檸檬片、香菜末、百香果粒、桔子汁及所有調味料,並將擠出汁的桔子也放進去,再擠半顆檸檬汁加入。

再淋上放涼的蒜頭辣椒白芝麻油,攪拌均勻,取一盤子盛盤即可。

① ② ③
④ ⑤ ⑥

林太都這樣做

1、辣度、酸度及甜度，可以依照喜好調整。
2、蝦子冷凍過後比較好剝殼。

阿太都這樣做

1、起司種類可以任意選擇，做出的馬鈴薯餅風味也會不一樣。

2、馬鈴薯團的大小可以自己決定。

3、馬鈴薯餅做好也可以先凍在冷凍庫，待要吃食再取出放常溫後再煎或烤。

4、也可以使用氣炸鍋或烤箱，表面抹上一層奶油後，放進去機器裡面，180 度烤 15 ～ 20 分鐘左右即可。

馬鈴薯起司餅

食材

馬鈴薯	400g
片栗粉	50g
牛奶	50ml
鹽巴	1 小匙
奶油	30g
馬扎瑞拉起司	100g

① ② ③ ④ ⑤

作法

1 - 起一鍋熱水將馬鈴薯煮熟，水滾後轉中小火煮約 30 分鐘。

2 - 馬鈴薯煮熟後撈起，去皮壓成泥。

3 - 馬鈴薯泥裡加入片栗粉、牛奶及鹽巴，攪拌均勻。

4 - 將馬鈴薯泥分成六份，均勻將馬扎瑞拉起司包裹進去，裹成一個圓餅狀。

5 - 拿一個不沾平底鍋，放進奶油開中微火，煎到表面焦熟，讓裡面起司受熱融化即可。

林太都這樣做

1、冰入冰箱後食用風味更佳。
2、小孩要吃的話就不要加酒。
3、也可使用台灣粳米來代替義大利燉飯米。

大人的米布丁

食材

義大利燉飯米	60g	香草精	1/2 大匙
全脂牛奶	300ml	肉桂棒	1 支
鮮奶油	75ml	泡過萊姆酒的葡萄乾	10g
細砂糖	15g		

1 - 煮滾一鍋熱水，轉中微火放入燉飯米，煮一分鐘後撈起備用。

2 - 拿一深鍋倒入全脂牛奶、鮮奶油、細砂糖、香草精、肉桂棒，邊煮邊攪拌至糖融化。

3 - 加入燉飯米，期間須不斷攪拌直至煮熟米飯，約需 30 ～ 40 分鐘左右，濃稠度可以依照自己的喜好決定。

4 - 取出肉桂棒，加入泡過萊姆酒的葡萄乾，攪拌均勻放涼，即可食用。

外酥內軟巧克力布朗尼

食材

58.5% 調溫巧克力⋯⋯⋯⋯36 g

無鹽發酵奶油⋯⋯⋯⋯⋯50 g

黑糖粉⋯⋯⋯⋯⋯⋯⋯⋯25 g

砂糖粉⋯⋯⋯⋯⋯⋯⋯⋯25 g

鹽⋯⋯⋯⋯⋯⋯⋯⋯⋯1 小撮

香草精(可省略)⋯⋯⋯1/4 小匙

冷蛋(剛從冰箱拿出來的)1 個

低筋麵粉⋯⋯⋯⋯⋯⋯⋯18 g

無糖純可可粉⋯⋯⋯⋯⋯2 g

即溶咖啡粉⋯⋯⋯⋯⋯1/4 小匙

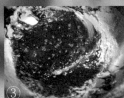
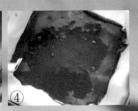

② ③ ④

作法

1 - 黑糖、麵粉過篩。

2 - 取一攪拌碗,放入無鹽發酵奶油、調溫巧克力、黑糖粉、砂糖粉,
全部隔水加熱至奶油及巧克力融化。

3 - 待降溫至接近常溫,加入香草精、鹽、冷蛋、低筋麵粉、可可粉、
咖啡粉,攪拌均勻。

4 - 取一個烤盤,鋪上烘焙紙,倒入麵糊。

5 - 烤箱 180 度預熱 10 分鐘,烤 20 ~ 30 分鐘至麵糊不沾黏牙籤即可。

Orange Taste 20

林太的美味日常提案

林太做什麼─世界真情真不過對食物的愛【暢銷增訂版】

作者：林太 Claudia

作　　者　林太 Claudia
攝　　影　林太 Claudia
總 編 輯　于筱芬　CAROL YU, Editor-in-Chief
副總編輯　謝穎昇　EASON HSIEH, Deputy Editor-in-Chief
業務經理　陳順龍　SHUNLONG CHEN, Marketing Manager
美術設計　楊雅屏

製版／印刷／裝訂　皇甫彩藝印刷股份有限公司
贊助廠商

━━━━━━━━━ 出版發行 ━━━━━━━━━

橙實文化有限公司 CHENG SHIH Publishing Co., Ltd
ADD／桃園市大園區領航北路四段382-5號2樓
2F., No.382-5, Sec. 4, Linghang N. Rd., Dayuan Dist., Taoyuan City 337,
Taiwan (R.O.C.)
MAIL: orangestylish@gmail.com
粉絲團 https://www.facebook.com/OrangeStylish/

━━━━━━━━━ 經銷商 ━━━━━━━━━

聯合發行股份有限公司
ADD／新北市新店區寶橋路235巷弄6弄6號2樓
TEL／（886）2-2917-8022　FAX／（886）2-2915-8614

增訂版一刷 2021年8月